动物探秘

[比利时]热纳维埃夫·贝克尔　编著
[阿根廷]古斯·雷加拉多　绘图
[中　国]春　晓　翻译

图书在版编目（CIP）数据

动物探秘 / (比利时) 热纳维埃夫・贝克尔编著 ;(阿根廷) 古斯・雷加拉多绘 ;(中国) 春晓译.
— 青岛 : 青岛出版社 , 2019.8 (图解百科)
ISBN 978-7-5552-7366-0

Ⅰ. ①动… Ⅱ. ①热… ②古… ③春… Ⅲ. ①动物 – 儿童读物 Ⅳ. ① Q95-49

中国版本图书馆 CIP 数据核字 (2019) 第 036411 号

书　　名　动物探秘
编　　著　[比利时] 热纳维埃夫・贝克尔
绘　　图　[阿根廷] 古斯・雷加拉多
翻　　译　[中　国] 春　晓
出版发行　青岛出版社（青岛市海尔路 182 号，266061）
本社网址　http://www.qdpub.com
策　　划　宋来鹏
责任编辑　张　晓
特约编辑　王春霖
制　　版　青岛艺鑫制版印刷有限公司
印　　刷　深圳市国际彩印有限公司
出版日期　2019 年 8 月第 1 版　2019 年 8 月第 1 次印刷
开　　本　16 开（889mm × 1194mm）
印　　张　4
字　　数　80 千
印　　数　1—4000
书　　号　ISBN 978-7-5552-7366-0
定　　价　48.00 元
编校印装质量、盗版监督服务电话　4006532017　0532-68068638

目录

Contents

当宝宝从卵里出来的时候

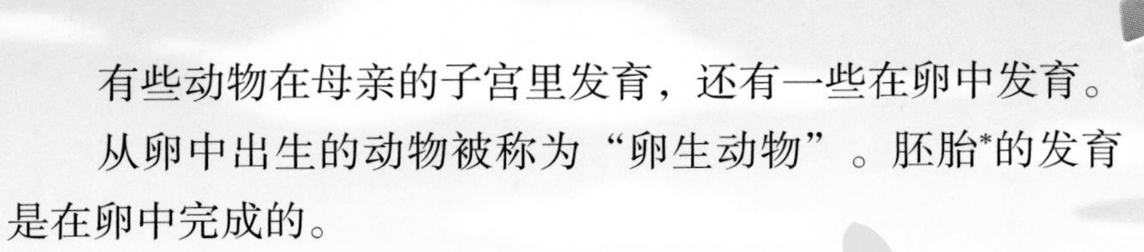

有些动物在母亲的子宫里发育，还有一些在卵中发育。

从卵中出生的动物被称为“卵生动物”。胚胎*的发育是在卵中完成的。

它们是从卵里孵化出来的

鸟类的蛋有坚硬的外壳，大小和颜色各不相同。

鸡蛋

鸵鸟蛋

鸵鸟蛋重约1.5千克，比鸡蛋大很多。为了从鸡蛋里钻出来，小鸡必须用它的喙把壳敲破。刚出生的小鸡虽然身体功能齐全，但是还不成熟，浑身湿漉漉的。

鳄鱼蛋快被孵出时，鳄鱼妈妈会把蛋从泥土里挖出来，把鳄鱼宝宝们放出来!

胚胎在发育时所处的温度不同，将导致幼崽的性别不同。有的是雄性，有的是雌性。

青蛙发育的不同阶段：卵→蝌蚪→青蛙

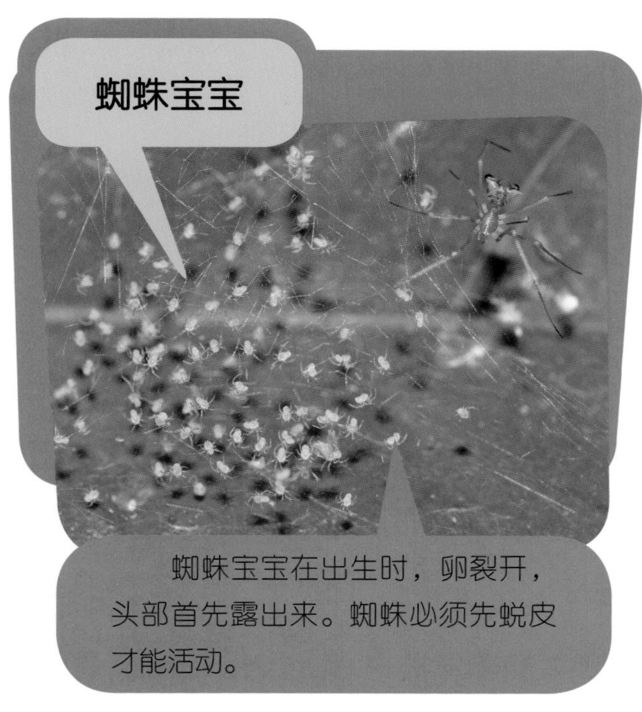

蝴蝶发育的不同阶段

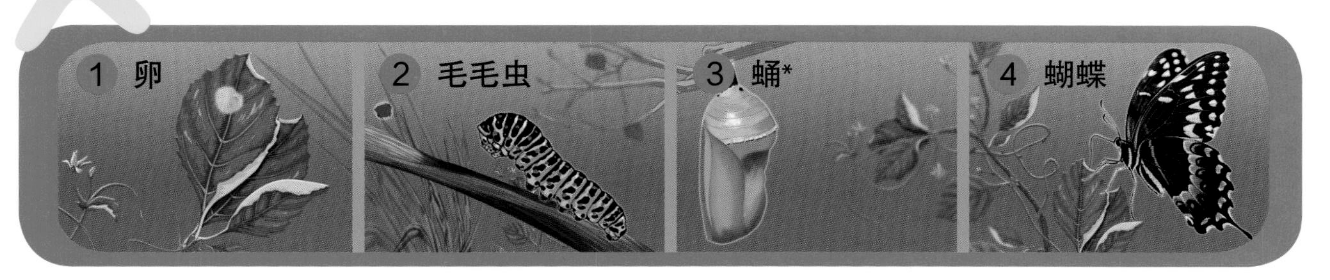

宝宝生长在妈妈的肚子里

大多数哺乳动物宝宝是从妈妈肚子里生出来的，而不是从蛋里孵出来的。妈妈的身体保护着宝宝们，并为它们提供成长所需的一切。

几乎所有哺乳动物都是胎生*的。

小 猫

小猫出生一两个小时后就会吃奶。

水下的海豚

这是小刺猬还是栗子的刺？

袋鼠在完全成形之前就出生了。它们和豆子差不多大，出生后继续生活在妈妈的育儿袋里，依附在妈妈的乳头上，并会在育儿袋里生活好几个月。

不寻常的出生

小象

刚出生的时候，小象会首先掉在地上，然后马上就得站起来行走。这些大“婴儿”有足够的时间来长个子、长体重，因为它们在母亲肚子里待了22个月。

小长颈鹿

长颈鹿是从2米高的地方掉下来的!它平均重60千克，一出生就有2米多高！小长颈鹿必须在出生后1小时内站起来，才可以够到妈妈的乳头并吃到奶，否则就会被遗弃!

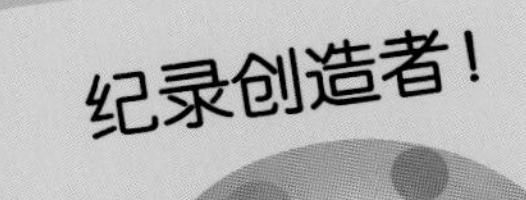

纪录创造者!

章鱼具有很强的保护力。有一只章鱼被观察到，它光孵卵就用了四年半的时间!

这只高山蝾螈在怀孕48个月后产下了自己的宝宝。

海马是爸爸“生”出来的!

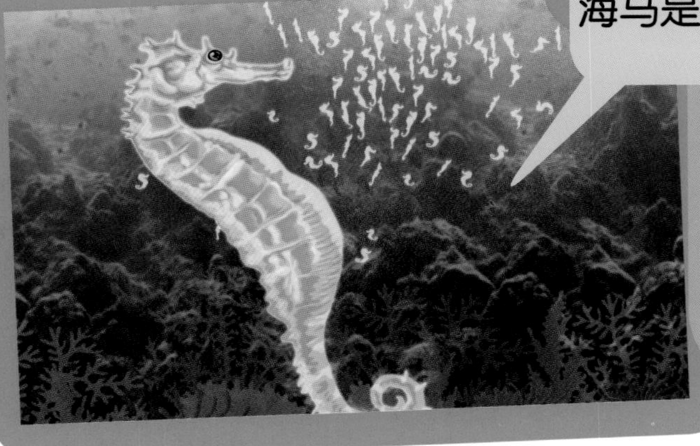

海马妈妈把卵产在海马爸爸腹部的育儿袋中。海马宝宝是从爸爸的育儿袋里孵化并“生”出来的！刚孵化时，海马宝宝就被从育儿袋里赶出来，开始游泳。

家在哪里？

动物都有自己建造的住所。它们在住所里繁衍、休息，躲避恶劣天气和捕食者的伤害，并存放食物。

令人印象深刻的建筑

河 狸

河狸通过把树枝和泥堆积在一起，在水面上筑巢。它们的小屋入口在水下，周围用树干建造天然堤坝来挡住河水。这种令人震撼的建筑有40米宽、500米长！

白 蚁

白蚁是真正的泥瓦匠：它们用泥土和唾液的混合物建造土堆，当泥土变干时，土堆会变得和混凝土一样坚硬。在这个建筑里，它们在黑暗中创造了一个个令人难以置信的房间和隧道网络。白蚁丘里有卵、幼虫、若虫、蚁后，附近通常还有真菌供它们食用。

白蚁群居在被称为“白蚁丘”的巢穴中。几千米外就能看到白蚁丘——因为它们最高可达10米！

蚂 蚁

蚂蚁通过把树叶与正在结茧的蚂蚁幼虫吐出的丝一起编织来筑巢。它们把茧当胶水用!

其他蚂蚁筑的巢，被称为“蚂蚁丘”，是它们的领地。

黄 蜂

黄蜂的巢是用一种像“糨糊”一样的东西做的。为了制造这种糊状物，黄蜂咀嚼木头，并将其与唾液混合。它们每年都会筑一个新巢，一个蜂巢可以容纳两万只黄蜂——要小心被蜇伤!

蜜 蜂

一个蜂巢通常生活着一群蜜蜂。蜂房由蜂蜡制作的六角柱体蜂室组成，这种蜂室叫作“巢房”。有的巢房用来储存花蜜，这些花蜜会变成蜂蜜；有的用来储存花粉，我们能从中得到蜂王浆；其他巢房里有卵、幼虫或若虫。

巢 穴

鸟类会通过筑巢来保护它们的蛋，并在孵化后饲养幼鸟。

蜂鸟的巢是由雌性建造的——它们是非常复杂、精细的物种。

白头海雕的巢足足有2米宽！

燕子在房檐下建造由泥和唾液或藻类和沙子制成的圆形巢。这种鸟巢很坚固，一般不会被雨水冲刷掉。

翠鸟在河岸边挖洞，以方便捕食猎物——鱼。

寄居蟹

寄居蟹居住在本不属于它的贝壳类动物的壳里。

树 洞

鸽子、猫头鹰、山雀和椋鸟会居住在现有的树洞里；而其他鸟类，如啄木鸟，会用它们的喙刺穿树干，啄出一个洞。

蜗 牛

蜗牛没有“盖房子”的本领。身上的壳就是它“穿”在身上的家，为它提供庇护所。

地下的场景

土拨鼠挖掘出了许多地洞，这些洞连在一起就像“村庄”——许多土拨鼠家族居住在里面。它们可以在地洞里躲避风险。

冬 眠

棕熊每年有3~7个月的时间在地洞里睡觉。

嗨，你好！

一些动物有彼此交流的能力——只是使用与我们不同的“语言”。

蜜蜂

当工蜂遇到食物时，它们会回到蜂巢，跳一段特殊的舞蹈，告诉其他蜜蜂食物在哪里。如果食物在附近，它们就会飞成一个圆圈；如果食物在100米以外，它们就会跳“8”字舞。

大象

大象能发出让我们听上去像是“喇叭”的声音，也会发出人类和其他动物听不见的次声*波。母象（占统治地位）用这种交流方式来聚集家族，或者警告小象即将到来的危险。当两只大象相遇时，它们以一种类似“拥抱”的方式问候：互相摩擦鼻子。

狮子

狮子在相互问候时有一种特殊的仪式：为了打招呼，它们会轻声咆哮、摇头、竖起尾巴、撞头。而如果狮子吼叫，往往是在向其他动物宣示领地。狮子也可能会通过召集其他成员来恐吓对手或加深族群感情。

海　豚

海豚可以发出多种多样的叫声：协调捕猎策略、召唤幼崽、呼救等。它们拍打鳍状肢来吸引注意力，或恐吓其他海豚。

鲸之歌

座头鲸发出的声音听起来很像歌声。这些声音可以持续好几个小时，甚至好几天。有些鲸的叫声只出现在交配季节，是用来吸引异性的；有些则是在计划攻击鱼群时用来呼叫同伴的支援。

萤火虫

萤火虫是一种能发光的昆虫。这些荧光使得雌性能够被辨认出来——它们通过荧光告诉雄性昆虫自己在哪里。

熊　猫

为了标明自己的领地，熊猫会倒立撒尿：头朝下，前腿着地，把尿撒在树上。在这个过程中，它给那些它的追随者留下了独特的气味——作用就像名片。

鸟

专家研究得出：每种鸟类发出的声音都是不同的。大多数美丽的鸟类是雄性的，这是因为它们在吸引雌性的时候需要散发自身最大的魅力。

猫

在面对入侵者时，猫通常会迅速离开。如果威胁没有解除，它们通常会低下头，拱起身子，竖起毛发准备应对——这种形象让人印象深刻。

兔 子

当兔子不断地用后腿蹬地时，表明它们在警告同伴可能有危险，或者表达它们的担忧，也有可能是它们生气了！

黑猩猩

黑猩猩彼此沟通的方式与人类的方式非常相似。它们互相拥抱、互相挠痒、互相亲吻……

经过人类教育的黑猩猩能够学会150种与不同词相对应的手势。它们是不是很聪明？

研究人员甚至建立了一个小字典，其中包含一部分手势的含义。

来和我玩吧！

跟我走！

请嫁给我吧！

请让一让！

来，我背着你！

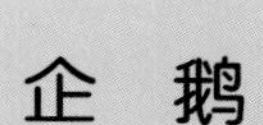

企鹅

当冰面上有成千上万只企鹅时，它们是怎么互相辨别的？其实，它们外表虽然看上去都一样，但是声音各不相同——这才是它们身份的象征。

每一种企鹅都有自己的声音。即使它们有时需要一个多小时才能找到自己的小伙伴，但总会成功。

求偶

孔雀

雄性孔雀在求偶时是这样的：将长长的五颜六色的羽毛展开，然后转过身以确保雌性孔雀能欣赏到这美丽的景象。

凤头鸊鷉的巢一般安置在有湿草的地方。这是它们在举行“婚礼”。一旦确认了关系，凤头鸊鷉时常表演“双人舞”——成双成对地出入。

交配季节，雄性军舰鸟的喉囊会鼓起来，变得像红气球。然后，它们会把自己的“气球”展示给雌性军舰鸟，以获得雌性的欣赏。

跳蛛

雄性跳蛛会通过跳舞来吸引异性。它们的“舞步”很迷人，腿部和腹部的美丽花纹也是吸引异性的“法宝”。

蛇

一旦两条蛇确定了关系，它们就会交织在一起。在有些物种中，这种交织甚至能持续好几个小时！

鱼

鱼类通过使背部弯曲、腹部变红以吸引雌性。受到吸引的雌鱼会跟随雄鱼来到巢里产卵。然后，雄鱼使卵子受精并保护受精卵直到孵化。

蝴蝶

蝴蝶能够产生信息素，使它们彼此接近。然后，求偶就开始了：雄性蝴蝶在雌性蝴蝶周围盘旋，雌性蝴蝶会根据雄性蝴蝶的翅膀颜色、力量、耐力和气味对雄性进行评估。如果雌性蝴蝶出现，雄性蝴蝶就会飞起进行追赶。这种追求可能会持续好几个小时。

一辈子的好朋友

有些动物为了互惠互利而联合起来——可能是为了搭“顺风车”，可能是为了触手可及的“自助餐”，可能是为了清洁牙齿，也可能是为了躲避捕食者。这两种动物可能会终身或在某些特定的时间共同生活。

神奇的关联

蚂蚁和蚜虫

某些蚂蚁选择与蚜虫永久“同居”。因为这让双方都受益：蚂蚁用蚜虫产生的液体糖（蜜露）来喂养蚁群，反过来保护蚜虫不受捕食者的伤害。

小丑鱼和海葵

这两种生物和睦相处。小丑鱼对海葵的触须是免疫的，在海葵的触须中找到了避难所。作为回报，小丑鱼给海葵提供吃剩的食物，引诱猎物，还会帮助海葵吓退攻击者。

寄居蟹和海葵

如果寄居蟹的壳上有海葵，寄居蟹决定“搬家”时，就会带上海葵。海葵可以吃寄居蟹吃剩的食物。作为回报，海葵用有毒的触须吓跑捕食寄居蟹的动物。

深度清洁

鲨鱼和䲟鱼

鲨鱼非常喜欢附着在它们皮肤上的小吸盘鱼——䲟鱼，因为䲟鱼能帮助它们保持清洁。因此，䲟鱼有权搭鲨鱼的“便车”！

啄木鸟和黑斑羚

啄木鸟是一种小型鸟类，以黑斑羚身上难以触及的身体部位（如耳朵和背部）的蜱虫和其他寄生虫为食。当危险来临，啄木鸟会大声鸣叫并飞走，以此警告黑斑羚。

鳄鱼和鸻鸟

有的鸟会“疯狂”到把自己的头伸进鳄鱼的嘴里。虽然这听起来很奇怪，但是鸻鸟会冒险进入鳄鱼张开的嘴巴。它们会帮助鳄鱼清洁牙齿间剩余的食物，在“戒备森严”的餐厅——鳄鱼的嘴里，美美地饱餐一顿！

感官

敏锐的视力

金鹰的视力是人类的3~5倍。它们可以放大特定区域的图像，看到3000米之外的猎物。

而且，它们能在20米之外看到长度仅为2毫米的虫子。

另一种概念的视力

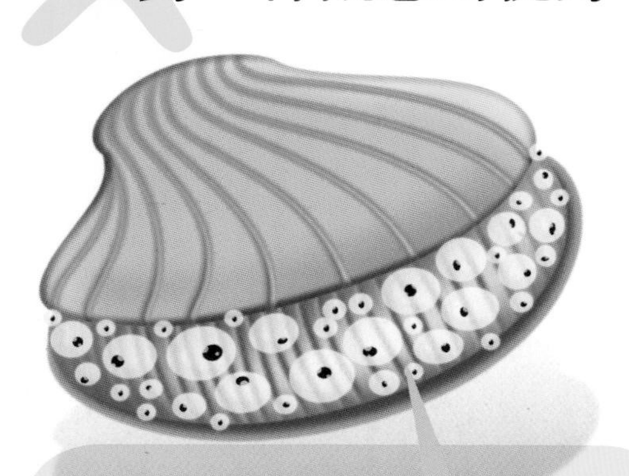

扇贝

扇贝有100多只眼睛。因此，它们能察觉到即将到来的敌人的动向。

苍蝇

苍蝇都有两只大眼睛，分布在头部两侧——这使得它们能看到更多的东西。它们有4000个单眼，每一个都能感知图像——4000只“眼睛”，视力得多好啊！

动物眼里的世界

苍蝇的视觉

· 感知颜色。
· 视野广阔，能够看到身后。
· 能把看到的动作“放慢”。
· 每秒能看到200个图像（人类每秒可以看到24个）。

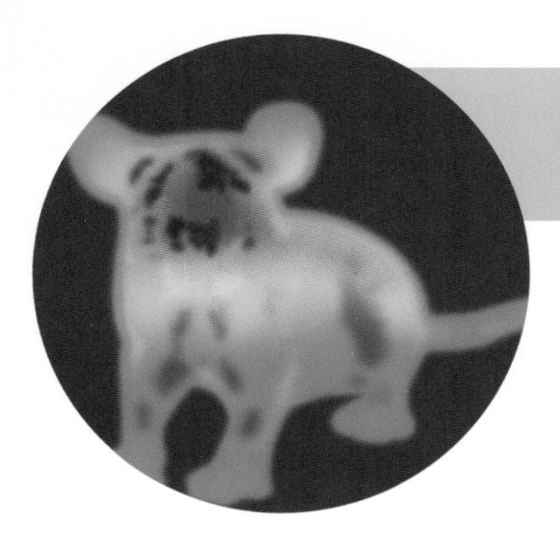

蟒蛇的视觉

· 它们能感受到温血动物如哺乳动物、鸟类的温度。

· 它们可以根据身体的温度差在黑暗中察觉其他动物。

鲨鱼的视觉

· 它们能在水中看得很清楚。

· 它们不能分辨颜色，所有物体在它们眼里都是黑白的。

狗的视觉

· 它们对棕色、黄色和蓝色的物体非常不敏感。

· 广泛的视觉范围。

超级英雄

狗

狗的嗅觉器官非常灵敏，是它们最发达的感官。有些狗能够在地震发生后连续搜索好几天，从而利用灵敏的嗅觉找到受伤的人。

老　鼠

与狗相比，老鼠的嗅觉更加发达，效率是人类的300多倍。有些地区利用老鼠发达的嗅觉来排雷。由于体重较轻，它们可以在雷区自由地出入。

大　象

大象能闻到距离它们50米的香蕉的气味！

大白鲨

鲨鱼能够在1000米之外感受到一滴血的气味！

猫

像所有猫科动物一样，猫的胡须能帮助它们找到正确的方向。它们通过胡须感知空气的振动，因此即使在黑暗中也可以感受到在它们附近移动的物体。

蝙　蝠

蝙蝠是超声*波冠军。它们发出的超声波在遇到障碍物或昆虫后会反弹回来，从而让它们知道前方是什么物体。因此，它们在夜间不会迷路，能够躲避障碍并追捕猎物。

眼镜蛇

有些蛇，比如眼镜蛇，能够感知到地面的振动。所以，眼镜蛇虽然听不见声音，但是能通过感知地面的振动对附近的物体加以识别。

赛　鸽

由于有“内置指南针”，赛鸽有着令人难以置信的方向感。

独特的技能

在自然界中，保护自己不受捕食者的侵害对动物来说是至关重要的。不同的动物有不同的防御机制，其中一些堪称“艺术大师”。但是，需要这么多自卫手段，说明自然界充满了危险。

真正的食肉动物

鳄 鱼

鳄鱼有强有力的下巴和锋利的牙齿，并且会不断长出新的。它们可以突然从水面跃起捕食，从而使猎物措手不及。

母 狮

一只母狮凭借高度的战略意识，悄悄地跟踪着一群完全不知道它在哪里的动物。一旦兽群中的一个成员放松了警惕，母狮就会抓住这个机会：它会猛扑过去，用自己的体重将其压倒，然后死死地咬住猎物的脖子。

蟒蛇是一种可怕的蛇，可以长到9米长。它们要么通过缠绕和挤压来使猎物窒息，要么把猎物拖进水里淹死。

蟒 蛇

大白鲨

大白鲨是海洋中强大、致命的掠食者。它们攻击猎物的速度非常快，其冲击力足以将猎物击死。

食人鱼

食人鱼是一种牙齿锋利的鱼。食人鱼成群结队地攻击猎物，撕下猎物身上的肉。

老 虎

老虎既强壮又孤独。在发现猎物后，老虎会停在几米远的地方，一动不动，等待时机发起突袭。但是，由于老虎通常比猎物跑得慢，耐力也不如猎物，所以很多时候猎物能从虎口逃脱。

毒 液

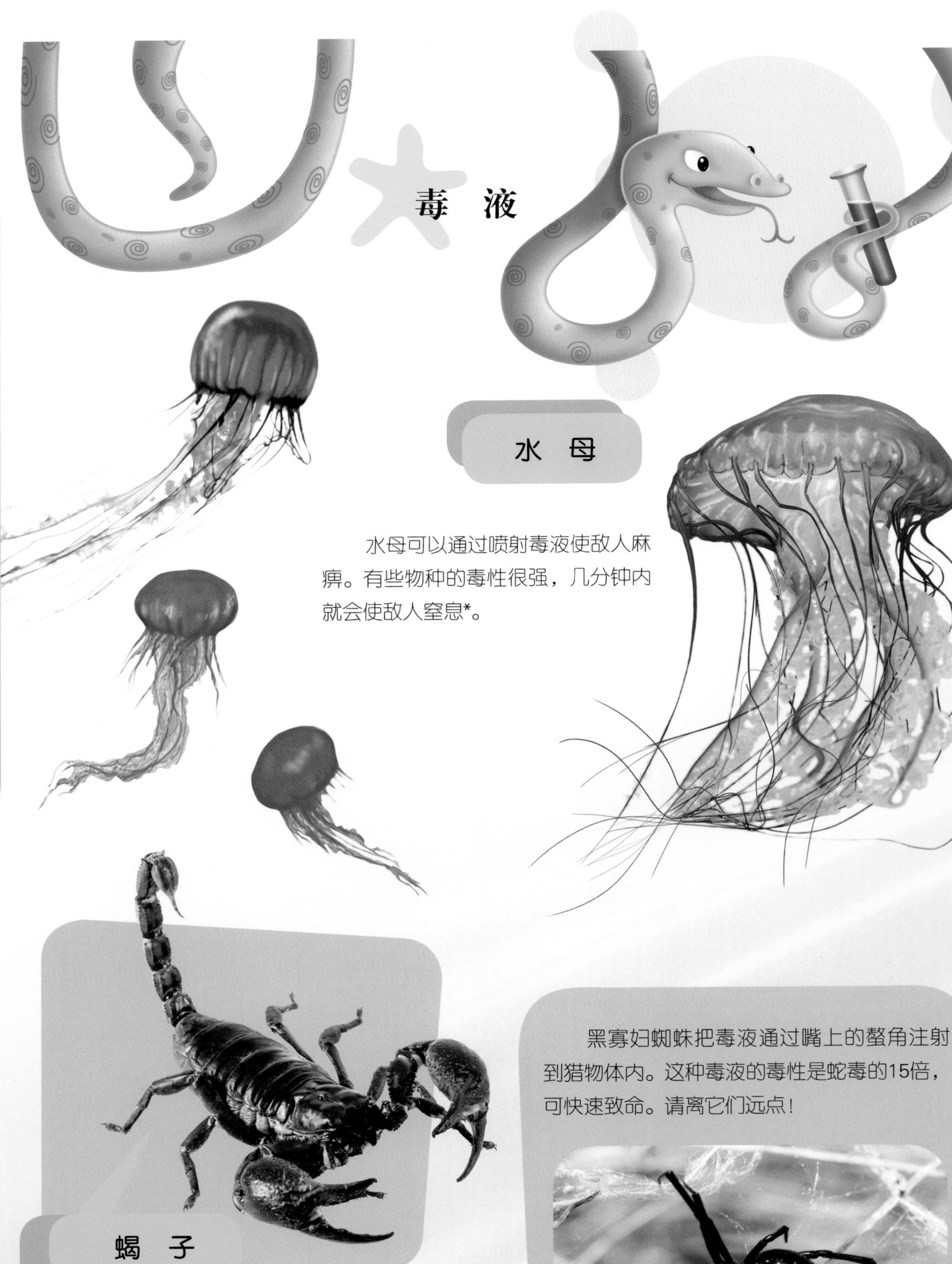

水 母

水母可以通过喷射毒液使敌人麻痹。有些物种的毒性很强，几分钟内就会使敌人窒息*。

蝎 子

蝎子通过尾巴注射毒液。它们可以迅速地展开攻击，用毒液伤害敌人。

黑寡妇蜘蛛把毒液通过嘴上的螯角注射到猎物体内。这种毒液的毒性是蛇毒的15倍，可快速致命。请离它们远点！

黑寡妇蜘蛛

其他化学武器

墨　鱼

逃跑时，它们会喷出身体里的墨以迷惑敌人，从而迅速逃脱。此外，这种墨会阻止攻击者闻到它们的气味——你的鼻子失灵了！

条纹臭鼬

条纹臭鼬分泌的液体有很强烈的气味，就像混合了尿液一样，即使是美洲狮也不愿意吃它们！它们可以将这种发臭的液体精确地投射到4米远的地方。好臭啊！

电　击

鳐　鱼

鳐鱼能放电，把它们的猎物电晕。但是，它们是需要“充电”的，充电过程需要好几天。

电　鳗

电鳗也会放电，把敌人击倒。在受到威胁时，电鳗放出的电足以杀死一个人！别惹它们！

防弹衣

海胆是由骨骼包围的海洋动物，体表满是尖锐的“芒刺”。

豪猪身上长了很多长达40厘米的刺。当感受到威胁时，它会怒吼，并且可以用身上“可拆卸”的尖刺重伤对方。

穿山甲体表有一层厚厚的鳞片。当受到威胁时，它们会把自己变成“球”。它看起来像个松果，但是气味可远远不如——太臭了！

螃蟹的身体上覆盖着坚硬的保护壳。为了打击敌人，拳击蟹常常挥动着海葵向对方进攻。

诀 窍

豪猪鱼

一旦受到一点点的威胁，豪猪鱼就会立马把自己的身子膨胀到平时的3倍大，再竖起身上剧毒的刺以进行防御。在1秒钟之内，它就能变成一个长满刺的球——这下敌人就吞不下它了！

壁虎和鬣蜥

壁虎和鬣蜥可以自断尾巴。断了的尾巴还能动，这样可以吸引敌人的注意力，它们从而可以顺利逃脱——太聪明了！在几周之内，壁虎和鬣蜥的断尾处就能重新生长出尾巴来，虽然比之前要短一些。

印度眼镜蛇

印度眼镜蛇的皮肤和鳞片在背上形成了一副眼镜的图案。趁敌人惊讶于此之时，它们就会趁机溜走。

弗吉尼亚负鼠

弗吉尼亚负鼠是一种有袋类动物，有着令人难以置信的装死本领：摔倒在地，嘴巴张开，舌头悬垂，眼睛半闭，身体变僵硬，并产生腐烂*的气味。

群居生活

许多动物全年或在某些时期以群体的形式生活。

和谐相处

群体当中分工不同：有的负责警戒，有的负责狩猎。不过，这种群居生活也有缺点：增加了疾病传播的风险，增加了被捕食者发现的概率，并且会引起内部竞争。

领 地

企 鹅

在繁殖期间，成百上千的鸟类——特别是企鹅，会聚集在一起，这个地方就成了它们的领地。每一对企鹅“夫妻”都有自己的领地，它们互相照顾。

家 庭

鳄鱼的族群中通常都有很强壮的、很有攻击性的雄性鳄鱼“主持大局”。所以，很少有鳄鱼会因为争抢食物而打架，即便是在“开餐”的时候。所有鳄鱼聚集在一起，围绕着猎物，静静地等到自己可以去享用美食。

鳄 鱼

狼

由一对夫妻带领的团队

狼通常是生活在狼群当中的。狼群是由它们当中聪明又强壮的雄性和雌性统领的，由它们统一管理狩猎行为并照顾幼崽。

当雌性占主导地位时

虎 鲸

虎鲸也是以族群的形式生活在一起的，由雌性统领群体。族群内的个体互相帮助、互相照料。例如：生产时，会由一头雌虎鲸帮助另一头雌虎鲸进行生产，然后将小虎鲸带到水面呼吸。

大 象

在大象群中，雌性负责组织生活、管理冲突和照顾幼崽。通常，由年轻大象组成的族群是由一位年长的雌性大象领导的。在交配季节到来之前，雄性大象通常不会出现在族群中。其余的时间，它们独立生活。

不分等级的队伍

在狮群中，每头狮子都有同样的权利，除了在分享猎物的时候，成年雄狮会先吃。雌狮子一生都会待在同一个狮群中。另一方面，小雄狮会被赶出狮群，生活在小群体中，然后会融入另一个狮群。

海豚家族中也没有领导者。海豚生活在相互帮助的家庭群体中。某一只海豚遇到困难时，总是能得到救助和帮助，直到它能恢复过来：如果一只海豚生病了，它的同伴们会合力把它托到水面上呼吸，保持长达数个小时！真团结！

伴 侣

天使鱼一般是成双成对地活动。它们在活动的时候就好像在跳华尔兹，一起找吃的并相互保护。

犬羚也是和伴侣一起生活。在小犬羚7个月时，犬羚“夫妇”就会把小犬羚赶走，让它独立生活，以保证彼此有单独相处的空间。

不寻常的动物

搏鱼

搏鱼是一种美丽的热带淡水鱼。雄性有长而美丽的鳍，它们彼此之间以及对其他种类的鱼类都具有攻击性。

翻滚蛛是一种生活在沙漠的蜘蛛。翻滚蛛可以快速地在沙丘的斜坡上移动。这种移动方式可以让它们在被袭击时迅速逃脱。

翻滚蛛

这种没有贝壳的裸鳃亚目动物被称为海蛞蝓。这些动物有美丽多彩的触须。

星鼻鼹的鼻子上有很多触手。因为触手长在鼻子周围，所以当它们在挖土时，灰尘不会进入鼻子。

美西螈

美西螈是一种神奇的、看起来像卡通形象的两栖动物而且看上去还像仍处在蝌蚪阶段的青蛙。

玻璃蝴蝶

玻璃蝴蝶有透明的翅膀，能像玻璃一样反射光线，从而使其藏身在周围的环境中不易被发现。

负子蟾

负子蟾和青蛙一样，是一种两栖动物。它们二者的区别在于，负子蟾的身体是扁平的。

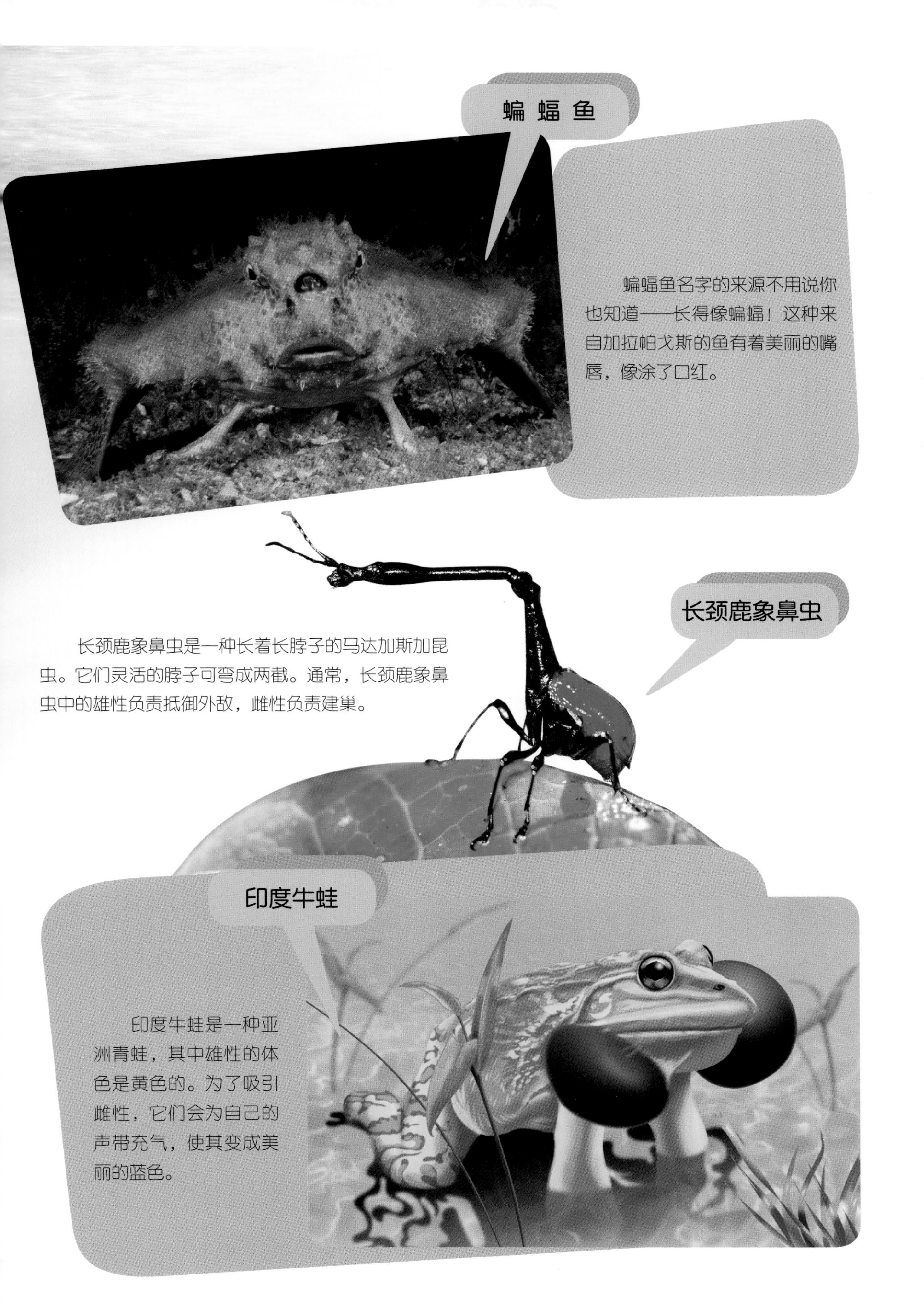

蝙 蝠 鱼

蝙蝠鱼名字的来源不用说你也知道——长得像蝙蝠！这种来自加拉帕戈斯的鱼有着美丽的嘴唇，像涂了口红。

长颈鹿象鼻虫

长颈鹿象鼻虫是一种长着长脖子的马达加斯加昆虫。它们灵活的脖子可弯成两截。通常，长颈鹿象鼻虫中的雄性负责抵御外敌，雌性负责建巢。

印度牛蛙

印度牛蛙是一种亚洲青蛙，其中雄性的体色是黄色的。为了吸引雌性，它们会为自己的声带充气，使其变成美丽的蓝色。

神奇的结合

一些不同的物种可以相互结合，并生出被称为“杂交物种”的动物。

是由母老虎和公狮子交配生出的动物。

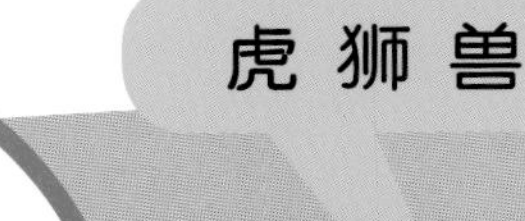

是由母狮子和公老虎交配生出的动物。

类似这种神奇的动物有很多。这些动物通常是不孕的，但即便如此，也已经让人非常惊讶了！

在寒冬中生活

动物可以在多样的环境中生存。它们完全适应了这些环境——能够适应季节的变化、极端的寒冷或沙漠中令人窒息的炎热。有些动物甚至在看上去不可能有生命存在的环境中生活。例如：那些寒冷到会把我们冻在原地的地方，仍然有生命存在。每个物种都有自己的生存策略。

日本猕猴

温泉浴

日本猕猴，俗称“雪猴”，生活在日本的火山地区。它们在温泉里洗澡来暖和身体。当它们从水里出来时，它们的皮毛立即开始结冰——它们必须尽快让毛发变干，或者尽快回到温暖的水中!

包得结结实实

北极狐穿着一件厚得令人难以置信的“冬衣”。它们可以借此应对北极的极端天气条件（那里的温度会低至-70℃）。北极狐皮毛是白色的。这能帮助它们伪装到周围的环境中，让捕食者看不见它们。

北极狐

冬 眠

冬眠这个词用来描述动物在睡眠中度过冬天——在恶劣的天气、寒冷的温度和捕食者的威胁下安然无恙。

土拨鼠为了渡过严寒的冬天，会睡上几个月。高山土拨鼠可以在不吃东西的情况下冬眠长达8个月！

土拨鼠

团结一致

雌性帝企鹅有时会离开种群几个星期的时间去寻找食物，而雄性帝企鹅则会坐在企鹅蛋上孵蛋，并且彼此紧紧地依偎在一起。它们组成数百只企鹅的庞大而紧密的群体，定期变换位置，以便在最冷的地方轮流孵蛋。

冻 僵 了

春雨蛙

春雨蛙是一种青蛙，它们有自己独特的过冬方式：让自己冻僵。冬天，它们身体里2/3的水变成了冰——却不会对身体造成伤害。它们的血液实际上停止了循环，心脏停止了跳动，只有大脑保持一定程度的活动。

炎炎大漠

沙漠的白天很热，晚上很冷，下雨很少……虽然沙漠的环境这么差，但是仍然有很多“聪明”的动物生活在这里。

骆驼

骆驼通过对其身体的调整，完美地适应了沙漠的环境。它的背部有一个凸起，充满了脂肪，可以作为食物和水的储备。所以，骆驼能几天几夜不吃不喝，全靠驼峰里的物资储备。它能在几分钟之内喝下200斤水！

沙漠蝎子

沙漠蝎子从不喝水。它们能从食物中获取水分，并且可以几个月不吃东西。

姬鸮

体长约为15厘米的姬鸮是世界上最小的猫头鹰！和其他所有猫头鹰一样，它们也是夜间行动。它们住在墨西哥北部和美国南部的沙漠地区的仙人掌里。

沙蜥

沙蜥在沙漠炎热的沙滩上时，会不时举起爪子做出一种类似舞蹈的动作，使爪子不被烫伤。它们甚至可以把几条腿同时举起来进行冷却，然后放在肚子上。

动物界的纪录

最快纪录

所有动物中速度最快的是游隼。这种漂亮的猛禽可以以每小时300千米的速度飞行。但是，就算它们这么快，也不总是能抓到猎物，有时候也会失手。

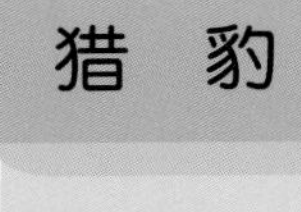

猎豹可以以110千米每小时的速度奔跑，是最快的陆地动物。但它们只能以这个速度跑300多米。

蜻蜓在飞行中最快可以达到80千米每小时的速度。它们是昆虫中飞得最快的，能轻松地超过一辆摩托车！

跳跃纪录

瞪羚

瞪羚是一种非洲羚羊，是动物界跳远纪录的保持者——能跳15米远！

美洲狮

美洲狮是跳得最高的动物——能瞬间跳到5米高的地方！

跳蚤

跳蚤能够跳25厘米高35厘米远。要知道，这可是其身体尺寸的100倍！这就好比人跳100米高、160米远一样——多么惊人的弹跳力！

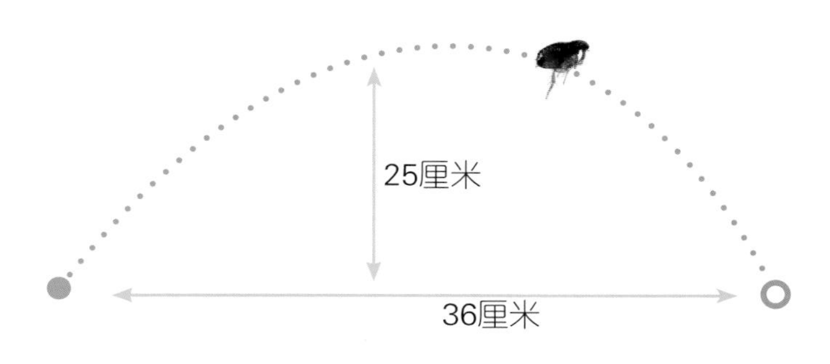

身高纪录

长颈鹿

因为有着很长的脖子，所以长颈鹿成为陆地上最高的动物——最高达到6米多！要爬上它们的头顶，你可能需要一架梯子！

猪鼻蝙蝠

最小的哺乳动物是来自泰国的猪鼻蝙蝠，长约3厘米。

长寿纪录

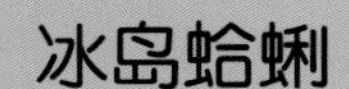

冰岛蛤蜊是一种贝类，研究人员估计其年龄可超过400岁。他们是怎么算出来的？原来，贝壳上的纹理数代表的就是它们的年龄，一行就是一年，数一数就知道啦！

生命最短纪录

蜉蝣

蜉蝣是一种生命只有一天（最多两天）的昆虫。有些物种在不到两个小时内变形、交配、繁殖、产卵和死亡。不过，它们的幼虫是生活在水里的，寿命可长达3年。

耐热纪录

庞贝蠕虫

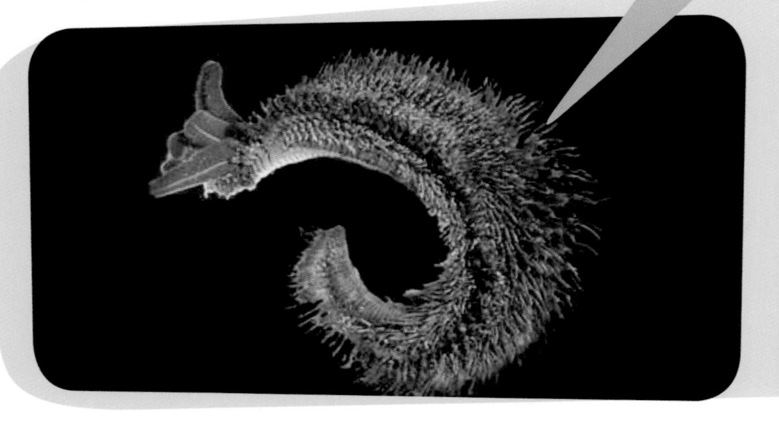

庞贝蠕虫是最耐热的动物。它们生活在海底热泉的“烟囱”外壁上，可以承受高达80℃的温度。

那些永不老去的！

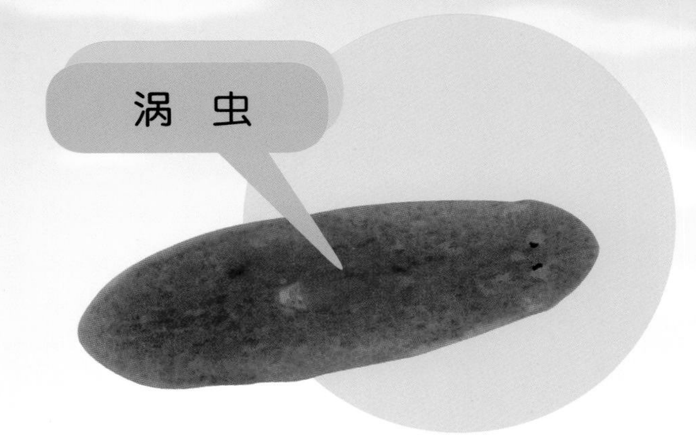

涡虫是一种又小又扁的虫子，似乎有非凡的魔力。它们可能会变衰老，但不会有任何功能上的损失（它们的生殖能力不会下降，器官不会磨损，皮肤也不会松弛）。因此，涡虫虽然在变老，但还是很“年轻”——是不是很拗口？它们可以再生任何受损的重要器官——肌肉、皮肤、肠道、大脑，并且可以完全根据一部分组织重生出身体其他部分。但是，其重生过程也可能发生事故，比如被吃掉。

这种水母被称为“灯塔水母”，长度仅为4~5毫米，主要分布在加勒比海，能够通过将成虫状态恢复到幼虫状态来逆转其衰老过程。因此，这种水母能够“永葆青春”。但并非总是能这样：只有当遇到压力大、缺乏食物等不利条件时，才会这样做……但就像涡虫一样，它们也可能死于疾病或被吃掉。

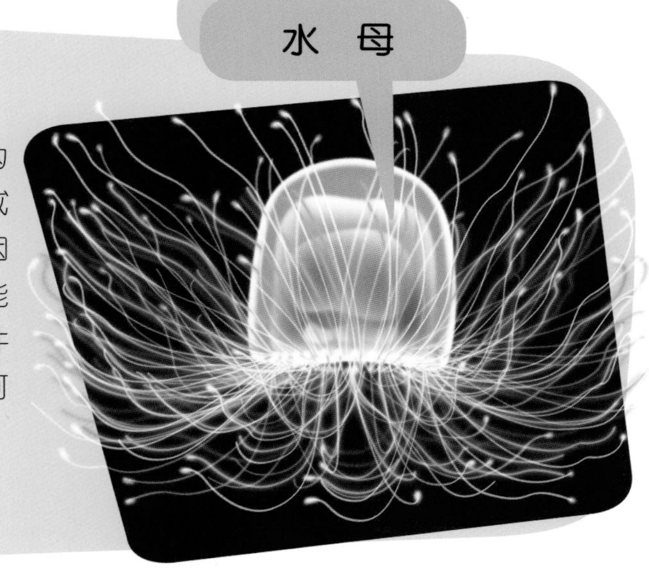

最远旅行纪录

北极燕鸥

北极燕鸥是目前已知的迁徙距离最长的动物，能不断地从地球一极到另一极！它们每年都会沿着“Z”字形路线飞行8万千米——30年的生命中旅程超过200万千米。

说话和歌唱

灰鹦鹉是最有才华的模仿者。如果经过训练，它们可以记住多达300个单词和不同声音，例如吸尘器的噪音、电话铃声等。它们甚至可以将文字与对象对应起来。

琴鸟可以模仿其周围环境的声音，如其他鸟类的声音，还有相机、电锯或警报的声音等。

它们在地球上多久了?

有些动物保留了它们刚出现在地球上时的外观，或者和人类发现的该物种化石类似的外观。

鹦鹉螺	帝王蝎子
5亿年	4亿年

一些有“特异功能”的动物

蜻蜓的眼睛能看到360度范围内的物体。

螳螂虾是色觉最发达的动物。它们对颜色的识别能力远超人类，能看到13种以上不同的颜色。所以，我们无法想象它们眼中那个色彩斑斓的世界有多精彩。

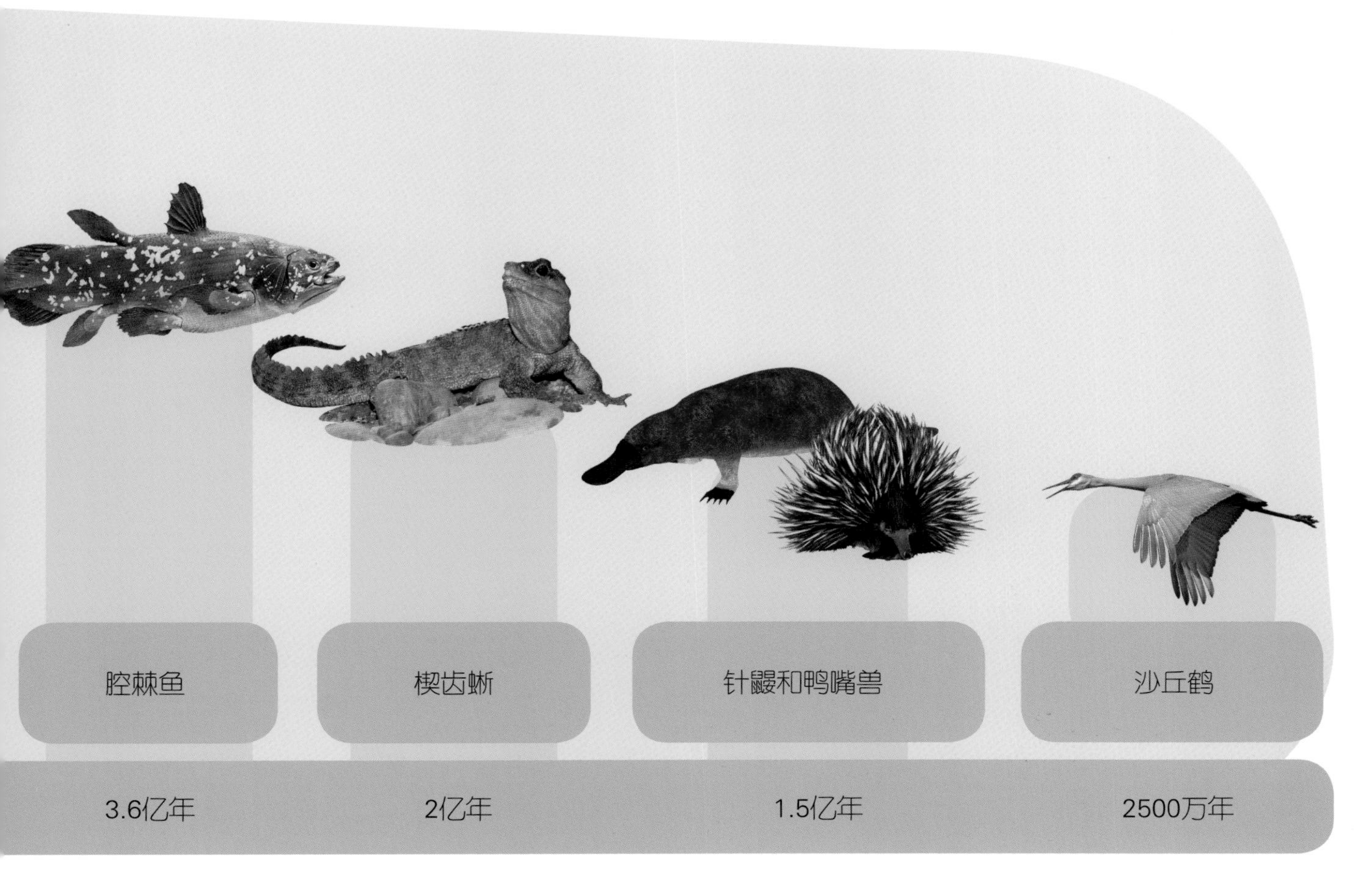

用于医学的动物

不仅植物能作为药物的来源，有些动物也能入药。

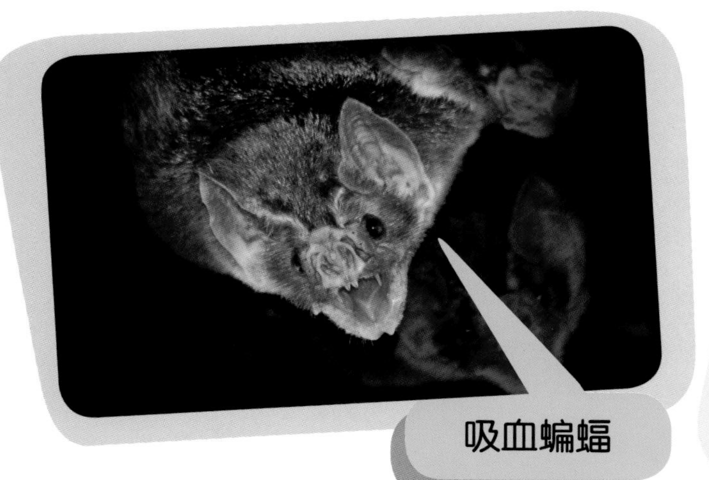

吸血蝙蝠

吸血蝙蝠将其门牙推入受害者的皮肤以吸血。它们的唾液里有一种能溶解血液的物质。这种被称为抗凝血剂*的物质可使其最大限度地吸取猎物的血液，用最短的时间吸取足够的血液。医生使用这种物质来消除心脑血管的血栓。

绿蝇蛆

在一些国家，绿蝇蛆被用来消除其他生物的坏死组织，促进受损组织的愈合和伤口消毒。医生将蛆放入敷在伤口处的药物中。

水蛭

水蛭具有治疗功效。它们吸附在动物身上并吸血。药用水蛭的唾液含有抗凝血剂、消炎和麻醉剂*，能促进血液循环。在手术期间可利用水蛭唾液的这种特性来恢复正常的血流量。

鲎的血液是蓝色的。医学上将其血液用于检测病原体*的存在。将鲎的血液掺入疫苗制剂或可注射产品中，如果出现凝血现象，就说明身体里有病菌，需要进行治疗。

河 豚

河豚在水里能把自己膨胀起来。它们含有有毒物质，可致人瘫痪或死亡。但这种有毒物质在低剂量的情况下，能减缓疼痛。基于此，科学家开发出一种可以阻止疼痛神经信息的药物。

珊 瑚

珊瑚的钙质骨架具有类似于我们骨骼某些部分的结构。因此，医学上使用珊瑚进行一些骨移植（例如用于骨重建），因为人体很容易吸收这些物质。

不再存在的动物

气候变化、自然灾害、人类活动、狩猎和偷猎*、自然栖息地遭到破坏……导致许多动物物种消失。以下是我们无法在地球上遇到的一些物种。

大象鸟

地球上曾经生活过的最大的鸟可能是大象鸟。它们生活在马达加斯加地区，身高可达3.35米，体重可达500千克。可惜的是，它们在17世纪就灭绝了。

西非黑犀牛

西非黑犀牛在2011年彻底灭绝。这种生活在喀麦隆的哺乳动物尽管是保护动物，却没有躲过大肆的猎杀。

中国白鳍豚

中华白鳍豚曾被宣布已经功能性灭绝，但未被宣布野外灭绝。这种淡水豚的家在中国的第一大河——长江。许多船只在通过长江时打扰了白鳍豚的生活，有的船只互相碰撞产生的污染物质弄脏了长江水。

渡 渡 鸟

毛里求斯的渡渡鸟——一种长相奇特而又很有特征的鸟类在17世纪消失了。它们的失踪完全是人类的狩猎造成的。

爪 哇 虎

爪哇虎是1994年被宣布灭绝的物种。爪哇虎会袭击家畜，因此遭到捕杀，后来就灭绝了。

雷克斯霸王龙是地球上已知的大型食肉动物之一，在6500万年前就灭绝了。

剑齿虎是动画电影《冰河时代》中与猛犸象和树懒相遇的老虎。剑齿虎的犬齿长达20厘米，比我们现在知道的老虎的9厘米长的牙齿长多了。它们生活在250万年前的美国。科学家们认为它们的灭绝与气候变化有关。

猛犸象是与大象同属的哺乳动物。它们的全身都长着长长的毛发。不同种类的猛犸象分布在世界不同地区，它们在公元前12000年至公元前3700年之间慢慢灭亡。

似乎是全球变暖导致了它们的灭绝。

猛 犸 象

名词解释及索引表

（按拼音首字母排序）

— B —

病原体：导致疾病的媒介。（第49页）

— C —

超声：超出了人类耳朵能接受的频率范围的声音。（第21页）

次声：一种振动频率太低，以至于人类听不到的声音。（第10页）

— F —

腐烂：细菌或真菌分解有机物（水果、肉等）。（第27页）

— K —

抗凝血剂：使血液保持液体状态的药剂。（第48页）

— M —

麻醉剂：减少或抑制全身或身体某部位敏感性的物质。（第48页）

P

胚胎：在蛋（或母亲的子宫）中生长的生物。（第2页）

T

胎生：动物幼崽的出生形式——直接与母体脱离。（第4页）

偷猎：违反法律的捕捞或打猎。（第50页）

Y

蛹：幼虫和成虫之间的昆虫的发育阶段之一。（第3页）

Z

窒息：呼吸困难或无法呼吸。（第24页）